本书由国家林业和草原局林草调查规划院负责实施的 UNDP-GEF "加强中国东南沿海海洋保护地管理，保护具有全球重要意义的沿海生物多样性"项目支持

中华白海豚科普故事

白海豚的神秘来信

编著　彭　耐　鄢默澍　袁　军　孙玉露　王一博　张梦然
绘图　梁伯乔　施倩倩

U0137938

中国林业出版社
China Forestry Publishing House

3

主要角色

豚博士

江江

科科

渔民老梁

目录

1. 精彩的飞行表演

江江的来信

科科：

你好！

好久没有联系，你上次的来信有些沉重呢，这次换我安慰你了：海洋不易，但也充满了希望哦！

说起我们海洋里的有趣伙伴，我又想到一个。

我们中华白海豚小时候是跟着妈妈生活的，在我的幼年期，妈妈曾带着我历经了很多有趣的事情。

那天正是可以出门旅行的好天气。阳光普照，暖风吹拂，海水既温暖又平静。海面上像铺了一层闪闪发光的碎银子。一群白色的海鸟，挥动着灵活的翅膀，一会儿贴着海面飞翔，一会儿又冲向高高的蓝天。

妈妈说带我去看一种会飞的鱼，但我跟着妈妈游了好久，都没有看到。我不耐烦了，便指着飞翔的海鸟说："妈妈，这里明明只有会飞的鸟。"

妈妈温柔地顶了顶我的头，轻声地说，"江江，做事情要有耐心，你看，飞鱼来了！"

我听了，马上集中注意力，果然，有群鱼儿像箭似的从我身边穿过。一眨眼的工夫，它们已经游了老远。那群鱼儿的身体有点像你们人类的潜水艇，胸部和腹部都有一对鳍，这些鳍上面长着薄膜和硬刺，可以帮助它们在水里四处游动。

"连个翅膀也没有，还叫飞鱼啊？"我轻声嘀咕了一句。

妈妈并没有回答，而是用背顶了我一下，我顺势跃出了水面。

"你现在能看到飞鱼的精彩表演了吧！"妈妈说着，也把头伸出了海面。

只见那群飞鱼高速地游了一会儿，忽然上半身离开了水面，宽大的胸鳍一下子展开，足足有身体的三分之二长，像翅膀一样。但是两片腹鳍还贴在身体两边，宽大而强硬的尾巴还拖在水里左右摆动。

"这算什么飞？尾巴还在水里呢！"我嘟囔着。

"这是起飞前的准备。"妈妈耐心地解释。

突然，飞鱼猛烈地摆动尾巴，滑行的速度越来越快。一刹那间，它们飞出了水面，有两米多高，紧贴的腹鳍也张开了。

我惊讶地喊叫起来："哎呀，真的飞了，真的飞起来了。"

这景象真是太有趣，太难忘了！成群的飞鱼凌空跃出水面，落下又飞起，飞起又落下，溅起了美丽的水花。我眨巴着我的小眼睛，看得入了神。

"这回你该相信了吧？告诉你，如果顺风的话，力气大的一次可以飞十几秒，一下子就能飞行400多

米远呢。"

我惊叹地说："真不可思议，它们真的是生活在海里的鸟吗？"

妈妈用尾巴轻轻拍了拍我的额头："说你聪明，你又笨。飞鱼和鸟儿不一样。"

"怎么不一样？"

"飞鱼的胸鳍虽然很发达，但并不能像鸟儿的翅膀那样上下扇动，只能滑翔。这是它们为了逃避凶恶的敌人练出来的本领。有时候，它们高兴起来，也会跃出水面飞一阵子，好像在欣赏万里碧空。"

"那我们也能长出飞鱼那样的胸鳍，获得飞翔的能力吗？"

"未来谁也说不准呢！不过，听说人类已经通过发明和创造，获得许多生物的特殊能力了。"

"是吗？妈妈，你知道得真多，快讲给我听。"我不由地追问。

"傻孩子，等你长大一些，就会离开妈妈，去大海里闯荡，到时候你知道的一定会比妈妈更多。"妈妈说完，又温柔地顶了顶我的头。

　　现在，我已经独自生活了很久，也和朋友们遇到了很多有趣的事情，但依旧很想念在妈妈身边的日子，也经常会想起小时候的那个问题。你们人类真的获得了各种各样海洋生物的特殊能力吗？

　　祝科科能拥有自己想要的特异功能！

也想飞的江江

江江：

　　再次收到你的来信，真是太开心了！

　　你儿时和妈妈一起出门旅行的时光，让我既美慕又感动。有关我自己小时候的事，我好像都不太记得了。海豚果然很聪明啊！

科科的回信

　　你妈妈说得对，我们人类通过模仿自然界的动植物来发明，从而获得各种各样生物的能力，我们称之为"仿生学"。

　　我们人类常说：海洋是地球生命的摇篮。数以万计的海洋生物经过亿万年的演化，有了许多奇妙无比的技能。这些技能，都为人类的发明创造提供灵感，我就知道很多和海洋生物有关的发明。

　　先说个和你的好朋友灰星鲨威威有关的发明——仿生

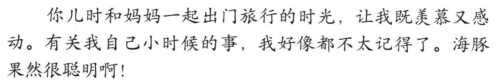

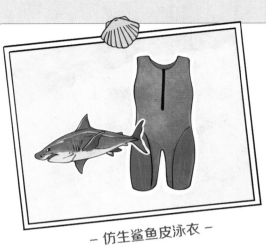

- 仿生鲨鱼皮泳衣 -

鲨鱼皮泳衣。

以前，我们一直都认为生物表面越是光滑，就越有利于减少水的阻力，能游得更快。但经过长时间的摸索，科学家们观察到，表皮粗糙的鲨鱼要比表皮光滑的海豚游得更快。深入研究后，他们发现了一个奇妙的现象，鲨鱼的身体表面覆盖了排列整齐且细小的"V"字形褶子。当海水滑过鲨鱼的身体，这些褶子不仅不会阻挡水的流动，还会将海水挤压着向后走，产生一个推力，这就相当于为鲨鱼加了一个推动器，使它游得既快又省劲。有了这个发现，人们制造出了仿生鲨鱼皮泳衣。有趣的是，1999年鲨鱼皮泳衣进入奥运会，2008年之后就被禁止了，因为这破坏了比赛的公平性。这也更加说明了鲨鱼皮的厉害！

另一个比较有名的发明是潜水艇。这个发明与你的表哥虎鲸有关。

鱼类可以通过释放身体内鱼鳔里的空气，来控制下潜的深度，人类根据这一原理发明了潜水艇。但如果遇到厚厚的冰层，潜水艇该怎么浮上来

- 潜水艇 -

呢？科学家发现虎鲸的背部有一个坚硬的凸起部位，虎鲸在上浮过程中，会用这个部位来顶开冰层。根据这个发现，潜艇专家加强了潜艇顶部突起部位材料的坚硬度，在外形上也模仿虎鲸背，这样改造后的潜艇能顺利冲破冰层。你一定要记得把这件事告诉你的表哥虎鲸奔奔呀！

　　上面这两个发明，普通人接触得比较少，不过下面这个发明，

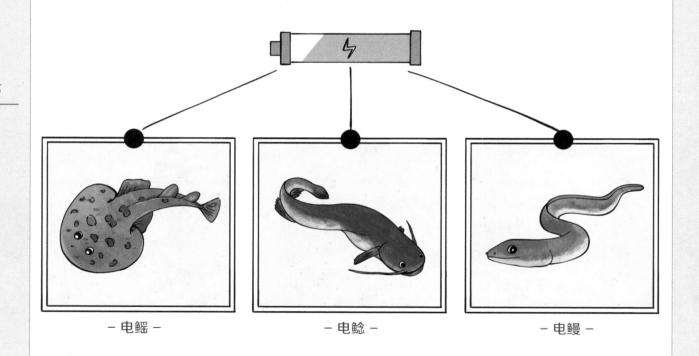

－电鳐－　　　　　－电鲶－　　　　　－电鳗－

就几乎影响到每一个人类了——根据电鱼发明出来的电池。

自然界中有许多生物都能产生电，目前所知仅是鱼类就有500多种能产生电，人们统称为"电鱼"。其中，放电能力最强的为电鳐、电鲇和电鳗。电鱼的发电原理是体内有一个独特的发电器官，由许多叫作电板或电盘的半透明的盘形细胞构成。单个电板产生的电压很微弱，但由于电鱼的电板很多，产生的电压就很大了。19世纪初，意大利物理学家伏特，就以电鱼发电器官为模型，设计出了世界上最早的伏特电池。

可以说，海洋为科学技术的发展提供了一把万能钥匙。海洋生物种种奥妙无穷的机能是人类科学发明的灵感宝库。这更提醒我们人类，必须保护海洋生物的多样性，因为谁也说不准，哪一种海洋生物可能为我们提供新的灵感呢？

祝江江能学到更多的绝技！

美慕你有超多"超级邻居"的科科

2. 意外的冠军

江江的来信

科科：

　　谢谢你的赞美，我也为我们海洋生物自豪。

　　年底了，听说你们人类到处都在评优秀和颁奖，我们海洋世界也不冷清，海洋管理委员会宣布要举办选优大赛，选出最能代表海洋形象的动物，让大家以他为榜样。参赛选手不局限于鱼，也可以是鸟、哺乳动物、两栖动物，只要有典型事迹，体现我们海洋的精神，都可以参加评选。

　　评委会聚集了在海洋里各个地方生活的海陆空各界名流，包括信天翁、绿海龟、大白鲨、卡塔拉海星等。

　　经过初赛、复赛，许多海洋生物已经被淘汰了，终于到了最后的决赛。

　　绿海龟先开口：“我提议以我们海龟家族作为海洋精神的代表，我们海龟自从孵出来，就要学会独自面对无数未知的挑战，但是我们无所畏惧，勇往直前！在成长中，我们踏上洄游路线全球迁徙，通过自身的努力去适应各个区域的海洋生活，从不抱怨环境的改变……”

　　话音刚落，信天翁

说："我提议以我们海鸟家族的海燕作为海洋精神的代表，面对一次次猛烈的风暴，从不妥协，连人类都为海燕写下了'让暴风雨来得更猛烈些吧'的呐喊，响彻了整个海洋。海燕坚强无畏的战斗精神鼓舞了一代又一代的海鸟。"

信天翁说完，大白鲨连忙接过话："我提议，以我们家族的尖吻鲭（qīng）鲨，作为海洋精神的代表。大家都知道我们鲨鱼，永远不会停止游动，'永不停歇'的精神激励了一群又一群的鲨鱼，而尖吻鲭鲨是我们家族中游得最快的。完全可以代表我们海洋的精神！"

大家谁也不服谁，激动地争辩了起来，围观的海洋居民也各有支持的人选，场面一下子变得乱糟糟的。

卡塔拉海星连忙出来打圆场，只见他缓缓地挥动着五只"手"，沉声说："大家安静，请安静，既然上面三名候选人都未能得到共同的认可，那么大家可以继续现场提名，只要获得群众的认可，我们就选他为海洋的代表。"

海洋居民们连忙思索了起来，谁还有先进事迹呢？

受到氛围的感染，我站了出来，说："各位评委好，大家好，我想提名我们鲸豚家族的蓝鲸作为海洋精神的代表。蓝鲸作为地球上体型最大的生物，在蓝鲸生命结束后，尸体会化为'孤岛'，沉入2000多米深的海底，为营养匮乏的深海海洋生物提供食物和栖息地，维持海洋的生态平衡，而这些深海的海洋生物又滋养了小鱼小虾，最后到我们大型海洋动物体内。蓝鲸的骨头也会在海底变成一座'城堡'，庇护海洋动物，也是给予大海最后的温柔。海洋精神不应该强调快和强，还有无私奉献、承前启后，惠及每一位海洋居民的'鲸落'精神，我觉得这才称得上是海洋精神的最佳代表。"

一时间，现场鱼虾无声，转瞬，又响起了热烈的掌声。我特别开心，所有人都赞同我的提议，连一向霸道的大白鲨也服气了。

评委们商议后，写下了对蓝鲸的评语：

"我是只化身孤岛的蓝鲸，

有着最巨大的身影，

鱼虾在身侧穿行，

偶有飞鸟背上停。"

我迫不及待地想跟你分享这个好消息，也为自己是鲸豚家族的一员感到骄傲。

祝科科也在年底拿个大奖！

邀请科科一起加油的江江

科科的回信

江江：

恭喜你们！我一直觉得包容、坚定、韧性和温柔，都是海洋的精神！

你们的海洋代表都好优秀，海龟、海燕、蓝鲸等海洋动物的故事，都太精彩了，如果是我们人类参加评选，一定甘拜下风。

豚博士说过，海洋对于我们人类有文化功能。我想海洋的精神就是海洋文化的一部分。除此以外，人类还在与海洋共生的文明中，写出了与海洋有关的书籍和歌曲。

不过，以前的科学技术不发达，许多的海洋生物人类都没能近距离观察和了解，大部分书籍中描写的是近海能看见的生物。像清朝的《海错图》，就记录了371种海洋生物。"错"不是错误，是种类繁多的意思，海错，就是海里多种多样的生物。这些作者观察、听说以及在集市采集的素材现在看来就像故事书一样好玩。

纵观古今，大海的澎湃和广阔让人类总是忍不住抒发自己的各种情绪。古有曹操写下"东临碣石，以观沧海"，表达了自己的远大抱负。今有诗人海子写下"面朝大海，春暖花开"，表达了对美好生活的向往。这都是大海给予我们的疗愈。

我们人类世界还流传着有趣的神话故事。古时候我们人类对海洋不了解，所以产生了许多想象，最典型的就是传说中的人鱼，也就是鲛人——一种长着人身鱼尾的神秘水生生物。鲛人哭泣的时候，眼泪会化为珍珠。另外还有传说，鲛人的油可以燃烧上万年不熄灭。

小时候关于鲛人的故事和电视剧我都很喜欢看，他们让我对海洋充满了好奇。长大后我知道了，人鱼应该就是海洋哺乳动物儒艮。

海浪声有让人置身大自然的感觉，令人感到愉悦、友好，可以缓解紧张和压力，所以失眠的人可以听着录制或者模仿的海浪声入睡。我还会唱很多和大海有关的歌曲，像《大海啊故乡》《水手》都是我拿手的。

歌舞不分家，有海洋音乐自然就有海洋舞蹈啦。听说在浙江省温岭市石塘镇箬（ruò）山海岛，有一个古老的小渔村，名叫里箬村，那里至今还保留着一个与海洋有关的传统舞蹈——箬山大奏鼓。

箬山一带的渔民，在正月有半夜闹花灯的习俗，他们的祖先自发组织起来，跳起了从台湾高山族传过来的大奏鼓舞。渔民们男扮女装，脸上涂脂抹粉，头上扎着蓝花布条、羊角，耳朵上挂着"黄金"耳环，手上戴上手镯，脚上套上脚镯，很是风光。歌舞表达的是老婆婆风风光光地迎接老爷爷捕鱼归来。跳舞的人脸上会画上两个红圆圈，像个戏台上的小花脸，一看就会令人捧腹大笑。

很多时候，我觉得海洋就像个神奇的万花筒，能绽放出五彩缤纷、变幻莫测的花朵。

祝江江的生活有音乐也有舞蹈！

忍不住想唱起来的科科

3. 海洋户口普查

江江的来信

科科：

展信安！

我最近也在学着写诗了，将来有机会一定朗诵给你听。

我最近领了一项海洋户口普查的任务，结果发生了好多尴尬的事情。

我首先查到海龙家。原以为海龙是一条很大很大的鱼，可没料到，他的身子只有 20 厘米长，细得像条蚯蚓。几条小海龙，在他腹部下面的育儿袋里，翘起了小脑袋，好奇地望着我这位陌生来访者。

我很自然地认为，这一定就是海龙妈妈了，于是很有礼貌地说道："海龙妈妈，我是中华白海豚江江，想查一下户口。"

海龙一边拿出户口簿，一边笑着说："白海豚先生，你弄错了，我不是海龙妈妈，我是海龙爸爸。"

"什么！你是——爸爸？海龙爸爸？"我有点不相信自己的耳朵。

"是的，我是爸爸。我们海龙，还有海马，都是由爸爸来抚育后代的。"海龙爸爸解释说，"每到产卵的季节，海龙妈妈就把卵产在我腹部的育

儿袋里，让我孵化。大约十来天，小海龙就出世了，他们会自己从育儿袋里游出去玩，遇到危险又会躲进来。"

"哦，原来是这样，海龙爸爸，实在对不起，我误会了。海龙宝宝也太可爱了！"我抱歉又好奇地说。

紧接着，我又到了下一户人家——鮟鱇鱼的家。一条身体宽大的鱼晃晃悠悠迎了出来。

"请问，你是鮟鱇鱼爸爸吗？我是来做户口普查的中华白海豚江江。"

"不，我是鮟鱇鱼妈妈，您好。"那鱼腼腆地递上户口簿。

我感到很难为情，觉得自己太冒失了，一边翻户口簿，一边询问："咦，您家的户口簿上，怎么不见鮟鱇鱼爸爸呢？"

"他在家，可是他不需要单独一个户口。"

"为什么？"我朝四周看了看，哪里有鮟鱇鱼爸爸的影子，该不会出了什么事情吧？

鮟鱇鱼妈妈笑着说："不用找啦，在我身上呢！"边说边指了指自己身体侧面一个凸

起的肉疙瘩。

　　"这？这是鲛鳒鱼爸爸？"我十分惊讶。

　　"是的，我们从小就生活在一起，亲密无间，后来，慢慢地就分不开了，我们长在了一起。"鲛鳒鱼妈妈不好意思地说。

　　"嗯，怪不得不需要单独的户口。"我边哭笑不得，边告别了鲛鳒鱼妈妈，又来到红鲷鱼家里。这次，我接受了上两次的教训，先小心地问道："请问，您是红鲷鱼妈妈还是红鲷鱼爸爸？"

　　"我呀，先做妈妈，后当爸爸。"红鲷鱼说着，哈哈大笑起来。

　　我已经尴尬了一上午，以为他在故意嘲笑我，心里有些生气。

　　看到我不高兴了，红鲷鱼连忙止住了笑声，认真地回答："请原谅，白海豚先生，我并没有开玩笑，我真是先做妈妈，后做爸爸的。"

　　"这到底是怎么回事？"我更糊涂了。

　　"这也没什么大惊小怪的，我们红鲷鱼家族，总是由一条雄鱼带着一群雌鱼生活，这条雄鱼是家族的首领。前段时间，我们首领出远门了，在剩下的雌鱼中，我的身体最强壮，自然就转变为雄鱼，充当了新任首领。"

　　听完红鲷鱼的解释，我觉得他应该没有骗我，但是，我的脑子里充满了疑惑，连忙去找博学的绿海龟贝贝。

　　"这几家人到底是怎么回事？"

贝贝笑着说："江江，你确实太大惊小怪啦！他们也都没有骗你，说的都是实话，这是不同鱼类的特殊生理现象。还有一种叫石斑鱼的也很有意思，他们是雌雄同体，同一条鱼一段时间里当爸爸，一段时间里当妈妈呢！"

科科，我们的海洋世界，真是既复杂又有趣，你在保护区有做过中华白海豚的户口普查吗，有什么有趣的发现吗？

祝你也能遇到稀奇好玩的事儿！

准备继续去完成普查的江江

科科的回信

江江：

来信好！

你查户口的经历太有趣了，我仿佛看到了你一次次惊奇又尴尬的表情。谢谢你分享这么多神奇动物的故事给我。我也好想跟你一起去做户口普查呢！

你问我有没有给我们保护区的中华白海豚做户口普查，我才发现，我还从来没有向你具体介绍过我在保护区的工作内容，今天就"竹筒倒豆子——不藏不掖"，好好说给你听。

说实话，在我来江门保护区学习前，一直以为保护工作就是出海观察中华白海豚而已。

经过这几年的学习，我才知道事情没有那么简单。人类

要多方面研究中华白海豚的生活及状况必须用上很多专业的技术方法，花很长的时间，才能增加少许对中华白海豚的了解。

我跟随豚博士做得最多的工作，就是观察和记录中华白海豚的数据，也就是你说说的"普查户口"。

我和豚博士平均每周出海两到三次，每次都会乘坐科研专用船，到中华白海豚出没的地方进行调查，一方面寻找中华白海豚或江豚的踪影，另一方面还要在摇摇晃晃中记录海面状况、航行位置、船速、时间和已航行路程等。当我们发现中华白海豚的时候，研究船就会停下来，我们就在现场记录海豚群的距离、角度及群体数目。

很多时候，我们研究船还会减速下来，很慢很慢地靠近中华白海豚，进行更加仔细的观察和记录，如发现中华白海豚的地点，观察不同年龄中华白海豚的数目、行为、有没有跟着渔船在觅食等。

除了坐船，我们还会爬到高山上观察中华白海豚。在烈日当空的夏季，我们热得浑身是汗；在寒冷的冬季，我们又会冻得瑟瑟发抖，但我们还是坚持每周都进行观察。只有这样，才能够记录到更多有关中华白海豚的数据，同时也能更加了解海面上各种船只，如观赏中华白海豚的船只、高速船及渔船等对中华白海豚活动的影响。在高处，我们可以更大范围地记录这些数据。

我们也利用直升机进行空中观察，直升机飞得很快，风吹得我眼睛都很难睁开，但搜索的效率非常高，我们只用半小时就搜索了整个中华白海豚出没的范围，还可以在中华白海豚极少出现的地方寻找他们的踪影。

有个别海豚和我们相遇的次数多了，也就对我们产生了信任。每当我们的研究船靠近，他们有的会睁着眼睛看我们，好像也在观察我们；有的则会放心地和同伴在船边玩耍，肆无忌惮地在我们的船底穿梭；有的还会围着我们的船兜圈子。

不知道会不会是你呢，江江？

我发现中华白海豚和人类一样，每头中华白海豚都有自己的个性，有些较活泼好动，喜欢接近我们的船；有些则较内向害羞，只会远远地看着我们。所以，认识白海豚朋友，就像认识我的人类朋友一样有趣。

蔚蓝的天空，湛蓝的大海，一群中华白海豚时不时跃出海面戏水欢腾，每次看到这样的画面，我都觉得从事中华白海豚的保护工作充满了意义。

江江，真希望有一天我们可以见面。

祝你生活愉快！

看到中华白海豚就想起你的科科

4. 珊瑚虫大家庭

江江的来信

科科：

春安！

我想我们可能已经见过面了！还记得我们的约定吗？当我遇到不捕鱼的渔船时，我真的跃出水面了！

春天到了，我又想出门玩了，要想找一个风景漂亮的地方游玩，那肯定是去珊瑚礁了。

这次我是和绿海龟贝贝一起去的，在这趟旅行中，我们又发现了一种神奇的生物——珊瑚虫。

在旅途中，我们曾游到一座大礁石边休息，忽然我好像听到一阵轻微的谈话声。我看了看四周，明明什么东西也没有啊。

"难道是我幻听了？"我觉得很纳闷，贝贝说他好像也听到了。静下心来仔细听确实有谈话声。

"是谁在说话呀？"我问。

"是我们呀！"一个细微的声音回答着。

"你们在哪儿？"

"我们大伙都在这里！"

这一回，我听清楚了，声音是从礁石边传来的。我仔细观察那礁石，形状很奇特，到处是一个个镂空的岩洞，每个岩洞的形状各不相同。近距离一看，这些岩洞竟是由许多树枝似的东西组成的。

　　"你们是谁呀？"我问。

　　"我们叫珊瑚虫。"一群珊瑚虫齐声回答。

　　"你们怎么不出来玩玩呀？"

　　一个珊瑚虫伸出细长的触手摆摆说："我们离不开这个家，一出门就没法生活啦！"

　　我想了想问："你们不跑出来，能够找到吃的东西吗？"

　　"能找到的。"另一只珊瑚虫回答，"时不时会有些小虫游过我们的家门口，我们就用触手抓来吃。"

　　贝贝又问："要是小虫一直不游来呢？不是要饿死了吗？"

　　那只珊瑚虫笑笑说："只要我们一家人中有一个抓到食物，大家就不会挨饿。"

　　我觉得很奇怪，别的珊瑚虫抓到虫子和他有什么关系呢？

　　珊瑚虫似乎看出了我的疑惑，解释说："我们这些珊瑚虫是'有饭大家吃的'，我们连成片生长，会合作捕食。一个珊瑚礁中住着千万个珊瑚虫，一个珊瑚虫捕获的机会少，但是大家一合作，就有足够的食物了。"

"这么神奇啊！"我恍然大悟，又问："那这块大礁石，难道是由许许多多珊瑚虫组成的吗？"

珊瑚虫说："这里面，应该不止有我们珊瑚虫，我能感觉到还有许许多多的生物生存在附近，但具体情况我也不清楚。"说到这，他摊开触手耸了一下"肩"说："毕竟我也动不了啊！"

这时候，贝贝在珊瑚礁生活的海龟朋友游过来找我们了，我们连忙道别了珊瑚虫，和贝贝的朋友一起去玩了。但我心里的疑问一直没有解决，珊瑚虫和大礁石是什么关系呢？

祝科科生活愉快！

脑子里有许多"问号"的江江

科科的
回信

江江：

　　春安！

　　我可太羡慕你了，能说走就走地去旅行了。

　　你遇到的大礁石，是珊瑚礁。珊瑚虫、珊瑚和珊瑚礁这三者之间有着紧密的联系。

　　珊瑚是一个非常庞大的家族，为了方便理解，我们通常根据珊瑚的生活习性，把它们分为"造礁"和"非造礁"两大类。正如字面意思，造礁珊瑚就是指能制造礁石的珊瑚，今天我就给你讲讲造礁珊瑚，也就是你这次旅途中遇见的那一类。

　　造礁珊瑚的最小单位就是珊瑚虫，珊瑚虫造礁的原料就是自己的"骨头"，江江你一定没想到珊瑚虫有骨头吧！

　　珊瑚虫是一种低等海洋生物，个头很小，身体通常是圆筒形，顶部扩大形成口盘，口盘周围又长了一圈小触手。远远看去，珊瑚虫就像一朵朵水中盛开的鲜花，一副柔软无害的样子。但事实上，这些花瓣一样的小触手就是它们的"致命武器"，因为它们"花枝招展"的时候，其实是在捕获海洋中的浮游生物呢！

珊瑚虫本身是透明的，但健康的珊瑚虫体内有一类珊瑚藻，这些藻类，有不同的种类，各自有不同的颜色。于是，不同的藻类使不同的珊瑚有了各自绚丽的颜色。

珊瑚虫在生长过程中，能吸收海水中的钙和二氧化碳，然后合成石灰石并分泌到体表，和人类的牙齿成分相似。这些分泌物在珊瑚虫身体的底部形成碗状骨骼，珊瑚虫就固定生活在这个"小碗"里，珊瑚虫死亡后，其他部位腐烂，但身体底部的坚硬小碗却会保留下来。

当无数的珊瑚虫聚集在一起生长，就形成了"集体宿舍"和"集体食堂"——珊瑚。

老的珊瑚虫不断死去，新的不断成长。珊瑚虫的骨骼一点点沉积，并随着时间的推移积沙成塔，珊瑚慢慢堆积成了各式各样的珊瑚岛和珊瑚礁。

所以说小小的珊瑚虫既是珊瑚礁这"海底花园"的"建筑师"也是"建筑材料"。

珊瑚就这样在热带和亚热带的浅海区域繁

殖和生长。我国南海的东沙群岛和西沙群岛、印度洋的马尔代夫岛、南太平洋的斐济岛以及闻名世界的大堡礁，都是由小小的珊瑚虫经过漫长的岁月建造起来的。

珊瑚礁为各种喜礁生物提供了作为吃、住、繁育后代的场所。这些底栖生物，有的穴居在珊瑚礁中，有的附着在珊瑚礁表面一动不动的，还有的会在珊瑚礁表面缓缓移动。生活在珊瑚礁的鱼类有的与珊瑚、海葵或海绵共生，有的则穿梭于珊瑚枝杈之间，还有的则生活在珊瑚礁的上层水域，甚至还有微小生物共生于珊瑚虫的身体之中。

总之，众多的海洋生物汇集在珊瑚礁里，充分利用珊瑚礁各层的空间，使珊瑚礁成为热带海洋生物的大都会——一个多样性极高的生物群落。它同陆地上的热带雨林生态系统一样，物种非常的丰富，所以，我们人类又把珊瑚礁叫作海洋的热带雨林或热带海洋的绿洲。

在海洋中，珊瑚礁虽然只占据不到 0.2% 的面积，却能养育 1/4 海洋生物种类，同时还是近 1/3 海洋鱼类赖以生存的家园。也就是说，大海里的鱼，每 4 条里面，可能就有 1 条是生活在珊瑚礁里的。

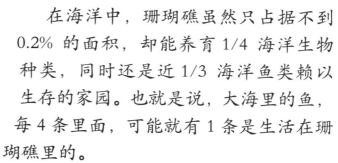

此外，珊瑚礁不仅能养育海洋生物，还在默默地保护着海岸线，它是天然的防波堤。海浪在撞击到珊瑚礁时，其冲击力能被吸收或减弱 70%~90%。

所以说，珊瑚礁是海洋最重要的生态系统之一。

然而，珊瑚礁也是敏感且脆弱的，珊瑚虫对温度、湿度、盐度及水质都有要求。人类排放的生活污水及工业废水，沿海的工程建造，还有温室效应、酸雨等气候变化都会对珊瑚礁造成严重伤害。

在过去的三十年里，我国大陆沿岸和海南岛周围的岸礁，甚至在离岸岛礁周边，珊瑚覆盖率已经从平均大于 60% 下降到约 20%。说到这里，我又要再次感到惭愧了。

现在科学保护修复珊瑚礁已成为人类的共识，这也是我们海洋保护区的重要职责之一。在保护区内有珊瑚礁所在的区域捕鱼，前提是不能破坏珊瑚礁，比如渔网可千万不能贴着海底捕捞。

希望亡羊补牢，为时未晚。

珊瑚作为地球上最古老的海洋生物之一，已延续了数亿年，可以说见证了地球的历史，希望它们还会一直延续下去并越来越兴旺。

小心不要被珊瑚礁刮伤了皮肤哦！

祝你旅途愉快！

忧心忡忡的科科

5. 珊瑚礁上的暴力驱逐事件

江江的
来信

科科：

近安！你别担心了，看到你担心，我也烦心起来。

前段时间天气热热的，烦心事也特别多。

那天，绿海龟贝贝惊慌地跑过来，对我说："江江，不好啦！不知道什么原因，我家珊瑚礁那边有人吵起来了！我们快去劝劝吧。"

"谁和谁吵啊？"

"珊瑚虫和虫黄藻。"

"啊，珊瑚虫怎么会吵架？"我十分纳闷，珊瑚虫个头小小的，说话也轻声细语，脾气是出了名的好，"这个虫黄藻一定是个坏蛋，让珊瑚虫生气了。"

"不不不，他俩一直是好朋友。"贝贝连忙解释。

原来虫黄藻是种很小很小的海藻，一直生活在珊瑚虫体内，珊瑚虫给虫黄藻提供庇护场所，虫黄藻给珊瑚虫提供养分。他们一直友好相处，荣获过很多年的海洋"五好邻居"。

"那他们这次怎么会吵得那么厉害？"带着疑问，我们很快来到了珊瑚礁附近。

现场的情况把我给吓了一跳，

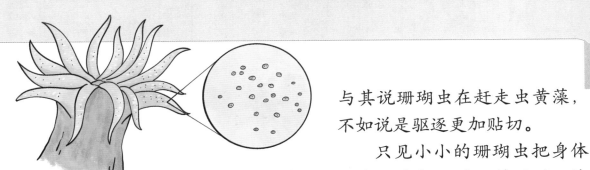

与其说珊瑚虫在赶走虫黄藻，不如说是驱逐更加贴切。

只见小小的珊瑚虫把身体膨胀得很大，在打开腔口的同时，快速收缩身体，用喷射的方式把虫黄藻从体内吐出去老远。

"你为什么要这样对待你的朋友啊？"我气愤地问珊瑚虫。

"这事情可不是我挑起的！这段时间海里热得难受，我本来就不舒服，心情不好。"珊瑚虫烦躁地说："可是在这个节骨眼上，虫黄藻居然不按我们之间的约定，好好生产食物，反而生产出一些有毒物质，弄得我难受极了。"

珊瑚虫接着说："第一次发生这样的事情时，我只是说了他们几句，可他们根本不改正。后来我又说了好几次，他们也一直把我的话当耳旁风。我是实在太难受了，才会把他们都驱逐出去的。"

绿海龟贝贝则是在一边安慰被赶出来的虫黄藻，虫黄藻一边哭，一边说："我也不想

这样的，可是周围环境温度一高，我也控制不住自己啊，是我对不起珊瑚虫，我还是走吧，呜呜呜……"

原来珊瑚虫和虫黄藻之间发生了这样的矛盾，我和贝贝不禁叹息一声，想劝，但是也想不到有什么办法能帮助他们。一对好朋友，上亿年的友谊就这么没了吗？

驱逐事件过去没多久，又出现了新的危机。

时光匆匆，天气开始转凉。

这天贝贝又急匆匆地跑过来找我，说珊瑚礁那边又出事了。

贝贝还真是爱珊瑚礁，我又被他拖了过去。

我再一次被现场的情况吓到了，而且这次的惊吓比上一次强烈得多：原来五颜六色、五彩斑斓的珊瑚礁，现在全变成了灰白色，平时在珊瑚礁周围玩耍的小动物们也不见了，整个珊瑚礁一片死气沉沉的样子。

我们找到了珊瑚虫，问他怎么会变成这样子。

珊瑚虫看着我们，吃力地说："你以前看到珊瑚有各种各样的

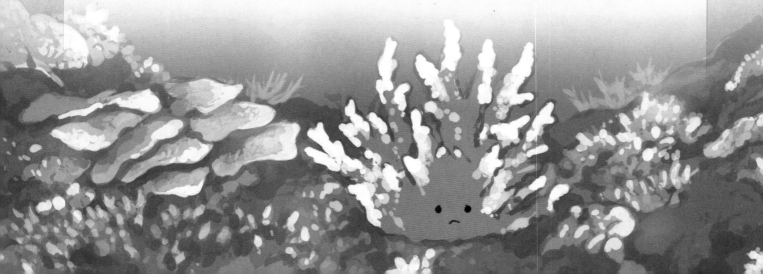

颜色，那其实都是虫黄藻的功劳，没了他们，我们就是现在这样的灰白色。"

珊瑚虫又伤心地说："颜色还不是主要问题。没有虫黄藻，我们的食物不够，很多同伴都饿死了，再过一段时间，可能整个珊瑚礁都要完了。"

"我们去帮你把虫黄藻找回来，就是不知道他们还会不会排放有毒物质。"贝贝用他的小短手划了划水，有点担忧。

"找虫黄藻当面问一问就知道了。"我隐约觉得虫黄藻的改变和温度有关系，"他们喜欢和珊瑚虫在一起，我们看看哪里的珊瑚漂亮，应该就可以找到他们了。"贝贝听了连连点头。

很快，我们在临近红树林海岸的区域找到了一个健康的珊瑚礁，一番打听后，终于找到了原来被赶出来的虫黄藻群。

"真是太幸运了。"我们十分高兴，和虫黄藻讲述了珊瑚虫的遭遇，希望他们能回去。

虫黄藻说："温度降下来后，我的生产功能已经恢复正常了。这边兄弟姐妹很多，我们离开也不会对这里的珊瑚礁造成影响。我们这就和你们回去，去救我们的老朋友。"

珊瑚虫见到虫黄藻回来了，激动地哭了，一个劲儿地向他们道歉。虫黄藻说："我也有问题，让我们忘记不开心的事情，重新开始这段友谊吧！"

随着虫黄藻进入珊瑚虫体内恢复生产，珊瑚虫的精神明显好了起来："我感觉好多了，有力气了。"

一段日子后，珊瑚礁恢复了以往的绚丽多彩，小丑鱼们也回来游玩了，珊瑚礁重新变得生机勃勃。

贝贝高兴极了，因为他家乡的美丽景色终于回来了。可有个问题却时不时地让我感到不安，现在春夏秋冬四季的温度似乎比我小时候高了很多，明年的夏天会更热吗？如果是高温，会不会再次破坏珊瑚虫和虫黄藻这对好朋友的友谊呢？

祝科科的生活环境冬暖夏凉！

也忧心忡忡的江江

科科的回信

江江：

秋安！

你担忧的气温问题可能正在成为现实。

现在整个地球的气候都在发生变化，水温也因此受到影响，许多珊瑚虫也都遭遇了生存危机，我们还在想办法解决这个问题，目前只能减缓水温的变化。但是这也是我们必须坚持做的事情，因为保护了珊瑚，就保护了生活在里面的动植物。

根据我们人类专家的测算，20世纪中叶以来，全球气候正在显著变暖。全球平均温度达到了每10年上升0.15摄氏度，中国的平均气温每10年上升了0.26摄氏度，而2010年至2019年是有记录以来最热的10年，未来有可能会越来越热。

随着地球的气候变暖，地球两极的永久冰层融化成水，汇到海洋里。海水水温上升、海平面上升，造成了许许多多的海洋生态问题，其中你们遇到的珊瑚集体变白，就是这一连串问题引起的。

其实，珊瑚虫和虫黄藻的关系，比你们想象的还要亲密。

珊瑚虫的触手上有许多刺细胞，刺细胞内有螺旋状刺丝，当一些浮游动物靠近并触碰到珊瑚虫触手时，刺细胞的感受器被触发，刺丝就像弹簧一样射出，刺入猎物体内并注射毒液，这样就能把那些小型浮游动物拿捏得死死的，然后送进自己的消化腔。

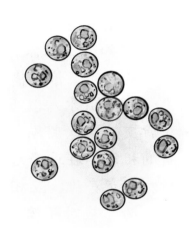

- 虫黄藻 -

不过，对于不能自由移动的珊瑚虫来说，想捕食到猎物只能守株待兔，吃了这顿没下顿，要在食物匮乏的海洋荒漠打造自己的珊瑚礁王国，珊瑚虫需要靠他的好朋友虫黄藻。

举个例子，珊瑚虫为虫黄藻提供住房，是"房东"，虫黄藻是"房客"，既然是"房客"就需要交房租，虫黄藻交的房租可不少。它们会将自身产生的 90% 以上营养都提供给珊瑚虫，而这些来自虫黄藻的支援能够满足珊瑚虫用于维持生存所需的 50%~100% 的营养。

因此，相比自己捕食，拥有了虫黄藻的珊瑚虫就像拥有了自己的畜牧场。

另外，虫黄藻光合作用还能够促进珊瑚礁的形成，为珊瑚造礁添砖加瓦。虫黄藻光合作用产生的氧气，也是珊瑚呼吸耗氧的重要来源。

　　反过来，珊瑚虫会为虫黄藻提供光照充足的生存环境，还会合成荧光蛋白用于吸收紫外线，相当于给虫黄藻建了个遮阳棚，防止体内的虫黄藻被晒伤。

　　不知道江江你有没有这样亲密的好朋友呢？相互帮助着生活在一起的那种，谁也离不开谁。

　　但是海水水温上升，会导致一些怕热的虫黄藻受到伤害，不能正常交房租。珊瑚虫就不乐意了，不得不驱赶这些房客，以便找到新的租客。在这个过程中，珊瑚礁就会变灰白，一旦没有尽快找到新房客交房租，互相帮助着生活，珊瑚虫便会死亡。

　　为了应对气候变化，2016年，地球上人类的178个缔约方签署了一个协议，叫《巴黎协定》，约定了人类要一起来减缓地球气温的变化。科学家们正在积极开发清洁能源技术，用风能、水力、太阳能、潮汐能等代替燃煤发电。应对气候变化也要从小事做起，比如以步行、骑自行车的方式代替汽车出行，减少碳排放。我和豚博士都是低碳生活的践行者。

　　相信通过大家的努力，一定可以守护住珊瑚虫和虫黄藻的友谊，让珊瑚礁永远灿烂。

　　祝愿我们的海底花园越来越美丽！

今天骑自行车上班的科科

6. 幸运的带鱼家族

江江的来信

科科：

安康！

为了帮助珊瑚，减少碳排放，我已经跟我们家族的中华白海豚都说好了，尽量多跟在渔船后面"捡漏"。哈哈哈，我是不是很聪明？

5月到了，我遇到了很久没见的带鱼家族，他们经过长途跋涉，从深海洄游到近海老家。

故乡，美丽而亲切的故乡。

游回故乡的一刻，带鱼们一个个都忘记了旅途的疲劳，脸上充满了喜悦。

"带鱼大哥，你们回来了啊。"我亲昵地和带鱼哥哥打招呼。

"嗯，按照传统，回老家生孩子嘛。"

顺着他的目光，我看到带鱼家族的妈妈们正挺着鼓鼓的大肚子，嬉笑着向前游去。她们的身子像在水里舞动着的银白色缎带，时而左右摇摆，时而上下扭动，碰上小鱼小虾，就张开大嘴，开心地吃着，她们那鼓鼓的肚子里，有数不清的小宝宝马上要出生，带鱼妈妈们急需丰富的营养和宽大的产房。

寒暄几句后，带鱼哥哥就急急忙忙和我道别，继续跟着大部队前进。

没过几天，我又遇到了带鱼家族，但这次，他们的脸上都挂满了愁容。

"带鱼大哥，你们不是去找地方生孩子了吗？怎么又出来了。"

"江江，我们找了好多地方，可没有一处可以安静产卵的。你看，这附近来来往往的船有多少，400艘？600艘？水里全是大大小小的渔网，简直就是天罗地网啊！"带鱼大哥越说越气，脸都涨红了。

"还有更糟糕的，今年渔网的网眼比去年小了很多，连很多没长大的鱼都被人类逮走了。"一位带鱼妈妈龇出尖利的牙齿，愤愤地接话，"这些人太坏了！现在，正是我们生孩子的时候，现在抓我们一条鱼，等于抓走了几十万条。"

"哼，这些傻瓜们都是财迷脑袋，只看到鼻子尖底下的小鱼，谁还会考虑以后这里是不是一直有带鱼呢！"另一位带鱼妈妈瞪着远处渔船的灯光，气得吐出了一串泡泡，"干这些蠢事，大自然会惩罚他们的！"

"得了。"带鱼哥哥选择息事宁人，在一边插嘴道，"你们二位别发牢骚了！快赶路吧！各位兄弟

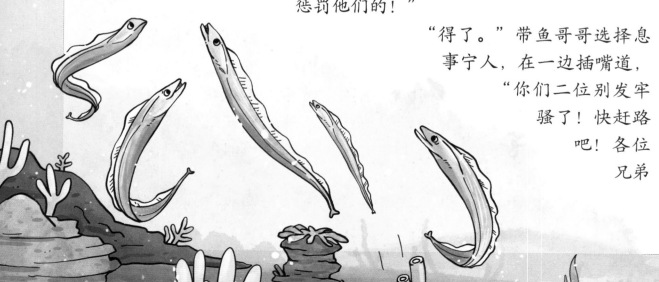

姐妹，我还记得一个祖辈们生孩子产鱼卵的地方，凭着我的记忆我们去找一找？好不好？"

"好！"

"快走吧！"

"我对这片海域比较熟，和你们一起去吧？"我觉得或许有帮得上忙的地方，就跟着带鱼哥哥一起向前游去。

等我们到了目的地，一看，大吃一惊，那地方变成对虾养殖场了。

"怎么回事？这地方怎么也被霸占了？"带鱼家族齐声惊叫起来。

这时候，两只淘气的小对虾游了出来，其中一只鼓着一对眼睛，得意地对我们说："海是大家的海，谁占了，就是谁的家！"

"不对！"一位带鱼妈妈瞪着小小的眼睛，龇出尖尖的牙，气恼地说："你胡说，我们祖祖辈辈都在这里养孩子，你们霸占了，叫我们去哪儿产卵啊？"

"爱去哪儿去哪儿。"另一只调皮的小对虾扮了个鬼脸，牛气哄哄地说："如今，你们这些破鱼不被稀罕了，我们对虾最值钱，

1个顶你们10个，谁不想多挣钱啊！"

几条带鱼被气坏了，正想教训教训小对虾，被带鱼哥哥劝开了："时间紧迫，不要和这些气'鱼'的对虾纠缠了，我们赶紧另外找地方去吧！再找不到，孩子就要出生了！"

回去的路上，带鱼们心里很不平衡，很不服气，都沉默不语，心里充满悲伤。

我忽然想起，以前游玩时发现的一个地方，因为礁石比较多，人类活动踪迹较少，也许适合带鱼家族产卵。我连忙把这个想法告诉了带鱼哥哥，听到这个好消息，大家脸上又燃起了希望，都决定过去看看。

又经过一番长途跋涉，我们到了一片宁静的近海区域，没有渔船的踪迹，也没有养殖的渔场，只有一阵阵动听的浪花声。

带鱼们欢呼雀跃，终于可以产卵啦！可我心里有些担心，人类捕捞活动越来越厉害，明年、后年、大后年……带鱼们还能回到家乡产卵吗？

祝科科生活愉快！

只吃大鱼的江江

科科的
回信

江江：

夏安！

看了你的来信，跟你一样，我也担心带鱼群体以后是否还能正常迁徙和繁殖。

过度的捕捞确实影响了海洋鱼类的繁殖，但要人类停止捕捞却很难。

海洋是地球上最大的"资源宝库"，自然资源储量占地球总量 65% 以上，海洋生态系统为人类提供食品和各类产品。

鱼类就是海洋为人类提供的主要食物之一，是地球上约 40% 人口的主要动物蛋白来源。很早很早以前，原始人类用手捕鱼，如今，科技发达了，现代人依靠渔船进行拖网捕捞……

人类从来没有停止过对渔业资源的开发。同时，人类的渔业活动，也对海洋生态系统以及生物多样性产生了深远的影响。

我听豚博士说过，在 20 世纪 70 年代，每天天不亮，苏格兰著名的彼得黑德鱼市就开始繁忙起来。载满渔货的船只进进出出，鳕鱼是其中的"明星产品"，数不清的人争相购买，十分钟不到，一整艘渔船上的鳕鱼就会被抢购一空。这些鳕鱼，在早上七点半之前，就可以到达当地商店，第二天中午，就能出现在欧洲各地的餐桌上。捕鱼人唯一的担忧，便是购买者太多，鳕鱼却越来越少。

带鱼现在也有这样的烦恼吧！

当人类捕捞的鱼类超过鱼类小鱼出生和长大的速度时，捕捞便无法再持续。所以从 21 世纪起，鳕鱼就已无法维持以前那样大规模的捕捞量了。

人类渔业活动不但会影响鱼类的数量，还会影响鱼类的演化方向。比如捕鱼人总是喜欢捕捉体型较大的成熟鳕鱼，导致体型较小的鳕鱼就容易逃过一劫。久而久之，那些成熟早且体型小的鳕鱼才有机会繁衍后代，后代保留了小体型的基因，所以海洋里鳕鱼体型就变得越来越小了。

同样的故事也在东海发生，比如江江你最爱吃小黄鱼，你仔细想想，这几年吃到的小黄鱼是不是比以前个头小了很多？

除此之外，我看过一部电影，从南非维多利亚港出发的一艘小渔船，在南印度洋捕鱼，他们的目标是金枪鱼。对于这种大型鱼类，渔船采取一种叫作"延绳钓"的方法，从渔船上放出一根主干线，上面每隔一定宽度系有支线，末端有钓钩，可以绵延上百千米。

作业时，渔船周围盘旋着数不清的

- 鳕鱼 -

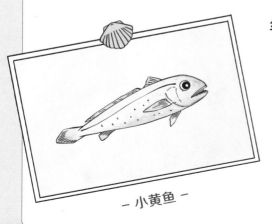

- 小黄鱼 -

信天翁，因为钓钩上的饵料，对它们来讲是没有办法抗拒的诱惑。

现代的渔具通常很难被鸟类看到，而且非常坚固，任何上钩的生物都无法挣脱。俯冲下来吃鱼饵的信天翁，最后都被渔钩钩住，结局只能是溺水而亡。

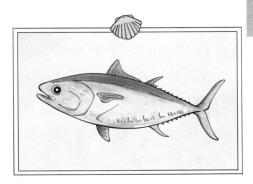

－金枪鱼－

因此，虽然渔民只是想捕获金枪鱼，却累及无数信天翁溺亡。据统计，每年约有十万只信天翁死于延绳钓和拖网捕鱼造成的兼捕。

－信天翁－

为了减少过度捕捞对海洋的危害，全球各地都在尝试对渔业进行调控，如设立禁渔期，在禁渔期内，禁止渔民下海捕鱼。许多国家也在海洋生物多样性和海洋资源可持续利用方面开展合作，降低海上活动对海洋生物多样性的影响。

相信终有一天，人类能在渔业发展和海洋保护中找到一个平衡点。

祝江江天天有大餐吃！向带鱼家族问好！

也喜欢吃鱼的科科

7. 人类能保护好中华白海豚吗

来江门保护区学习不知不觉已经有 6 年了。

但是一直记得刚来的时候，豚博士和我的聊天。豚博士问我："科科，你觉得人类怎样才可以更好地保护中华白海豚呢？"

我挠了挠头，想了好一会儿，说："最好把中华白海豚活动的区域划为保护区，禁止人类活动，像捕鱼、造桥、挖沙之类的活动都不允许，这样的话，中华白海豚的生存环境肯定会变好。"

豚博士笑笑说："可是中华白海豚生活的河口区域，往往也是人类聚集区域，不让人类活动，那让他们怎么生存呀？"

我又挠了挠头，说："那就提升大家的环保意识，让他们不要往海里乱扔垃圾，也不要过度捕捞。"

"这样太理想化了，实际是很难实现的。经济发展与环境保护的关系很复杂。"豚博士说，"做学问不能只看书，今天带你去实地考察一下。"

我们坐车来到了一个渔村。接待我们的是一位皮肤黝黑的大叔，他告诉我们他叫老梁，祖祖辈辈都是村里的渔民。

说起中华白海豚，我以为老梁肯定也很喜欢这种又可爱又聪敏的"邻居"，可老梁却连连摆手说，"敬而远之，敬而远之。"

原来，在福建、台湾一带，每年

的农历三月前后，中华白海豚就频繁在海上出没。而渔民信奉的女神妈祖娘娘的生日就在农历三月二十三，大家认为中华白海豚是专门来为妈祖娘娘祝寿的，于是把中华白海豚称为"妈祖鱼"，是"天后娘娘"的跟班，所以他们相信绝对不能伤害这些"神灵"。但另一方面，中华白海豚又喜欢跟在渔船的渔网后面，偷吃捕捞的鱼，令渔民十分烦恼。

这个答案让我有点尴尬，我连忙转移话题，又问老梁："那生活在海边应该很幸福吧——每天看着新生的太阳从漫天的朝霞中升起，带着朝露与期待，开始一天的生活。"

听到我的话，老梁哈哈大笑起来："小靓仔，你这是书本里学的吧？渔民的生活实际上是很辛苦的。"

老梁又说："我们每天凌晨4点就为生计出海捕鱼，有时离家半个月、一个月甚至更久，头顶烈日、脚踏风浪，不停地摇橹、拉网，摇橹、拉网，像个机器人一样重复这些动作，累得腰酸背疼，这才是渔民的真实生活。"

"但即便这么辛苦，渔民们的生活却并没有变得越来越好。"老梁叹息了一声，"我们一辈子在海上捕鱼，大海不论什么时候都是这样，但是这个社会发展得太快了。"

老梁又说，"在海上抗住了无数的大风大浪，却顶不住社会发展带来的压力，捕鱼的收获不确定，政府允许捕鱼的时间不确定，渔船保养等还要花很大一笔钱。自己就快吃不饱饭了，能多捕鱼肯定要多捕一些，还怎么管中华白海豚呀？"

听完老梁的话，我感觉有些无奈，那些保护中华白海豚的理论在现实面前就像纸一样脆弱。

"不过现在好一些了。"老梁接着说，"这几年，渔村探索旅

游文化经济，其中就包括渔船观光旅游。"

　　"我现在除了是个渔民以外，还有一个身份是导游，平时开着渔船带游客出海看中华白海豚，那些游客看见中华白海豚可兴奋了，有尖叫的，有拍照的。"老梁转头看向豚博士说，"博士可是我的

43

老顾客了，经常找我带他出海。"

"现在做导游赚的钱比捕鱼多，所以我也开始喜欢中华白海豚了。"老梁继续说："小靓仔要不要去看看，见到中华白海豚，一次 200 元，见不到三折，哈哈哈。"

从渔村回来，豚博士看我一直闷闷不乐，就说："要激发大家保护中华白海豚的自觉性和热情，光靠宣传教育是远远不够的，必须探索一种能让人类和中华白海豚和谐共处的模式。"

"那像渔村这样的旅游模式可以吗？"

"算是一种探索吧，他们也有很多困难要克服，发展旅游业，就要建造停车场、游客码头、公共厕所、管理及接待处等一系列配套设施，渔民还要把自己的房子升级为民宿，这需要很大一笔钱。"

豚博士接着说："政策方面，像核定休闲渔船最高载客人数仅为 12 人。假如村里造的休闲渔船太小，安全性就会不够；造的渔船太大，运营成本又过高，无法盈利。"

"不管怎么说，只有让渔民从海洋旅游或者别的渠道中获得比捕鱼更多的经济收益，渔民才会发自内心地保护中华白海豚，保护海洋。"

我听了，不住地点头。我和江江的通信，不就是我们人类和海洋生物探索共生共存的最好例子吗？希望我们的故事还可以一直延续下去，希望越来越多的人和我们一起守护海洋。

图书在版编目（CIP）数据

白海豚的神秘来信. 3 / 彭耐等编著; 梁伯乔, 施倩倩绘图. —— 北京: 中国林业出版社, 2023.10
（中华白海豚科普故事）
ISBN 978-7-5219-2361-2

I . ①白… II . ①彭…②梁…③施… III . ①海豚-普及读物 IV . ①Q959.841-49

中国国家版本馆CIP数据核字 (2023) 第184705号

策划编辑：何　蕊
责任编辑：何　蕊　李　静
宣传营销：杨小红　蔡波妮　刘冠群
版式设计：柴鉴云
支持单位：广东江门中华白海豚省级自然保护区管理处

————————————————

出版发行：中国林业出版社
　　　　　（100009，北京市西城区刘海胡同 7 号，电话 010-83143666 ）
电子邮箱：cfphzbs@163.com
网址：www.forestry.gov.cn/lycb.html
印刷：河北京平诚乾印刷有限公司
版次：2023 年 10 月第 1 版
印次：2023 年 10 月第 1 次
开本：889mm×1194mm　1/20
印张：7
字数：90 千字